Ueber den Ursprung

der

deutschen Literatur.

Vortrag

gehalten an der K. K. Universität zu Wien am 7. März 1864

von

Wilhelm Scherer.

Besonders abgedruckt aus dem dreizehnten Bande der Preußischen Jahrbücher.

Berlin.

Druck und Verlag von Georg Reimer.

1864.

Dieser Vortrag wurde zum Behufe meiner Habilitation, aber nicht wörtlich so gehalten wie er hier vorliegt. Ich habe darin einen Theil der Forschungen in Ein Bild zu fassen gesucht, welche in den von Professor Karl Müllenhoff und mir herausgegebenen „Denkmälern deutscher Poesie und Prosa aus dem achten bis zwölften Jahrhundert" niedergelegt sind. Doch wird man einigen Bemerkungen begegnen, die meines Wissens anderwärts noch nicht ausgesprochen sind.

W. S.

Das älteste geistige Besitzthum eines jeden Volkes lebt allein in dem schwankenden Gedächtniß der Menschen. Später beginnt eine andere geistige Production, deren Schöpfungen gleich bei ihrer Entstehung bestimmt sind, durch die Schrift zu scheinbar unvergänglicher Dauer bewahrt zu werden. Die Poesie ist so alt wie der Mensch selbst. Die Literatur tritt mit einem historisch fixirbaren Moment aus dem Gesammtleben einer Nation hervor; unter bestimmten Bedingungen und auf bestimmte Anlässe, deren specielle Darlegung in der deutschen Geschichte uns hier beschäftigen soll.

Die erste Ausbreitung der Germanen ist ein bienenstockartiges Wachsen, in welchem an die vorhandenen Bildungen immer neue und neue Zellen sich ansetzen. Darauf folgt eine Epoche der heftigsten und allgemeinsten Bewegung zu einem vorschwebenden Ziel: es ist der Eintritt eines politischen Ideals in die germanische Geschichte. Wie das Insect vom Lichte betäubt in willenlosem Drange der Flamme zustürzt; so kam über die nordischen Barbaren die Herrlichkeit des römischen Reiches als eine geheimnißvolle Macht, die sie mit unwiderstehlicher Gewalt zu sich heranzog. Das Begehren, in irgend einer Form den Boden des orbis Romanus bebauen zu dürfen, beherrschte die Grenzvölker, leitete die Nachdrängenden.

Diese löst eine dritte Periode ab, voll neuer und selbständiger Bildungen. Halten wir uns an die wichtigste, das Frankenreich, in welchem zuerst ein germanischer Stamm — es genügt nicht zu sagen: erobernd, denn auch die Züge der Völkerwanderung waren Eroberungen, sondern —

annectirend auftrat. Einem raschen Emporlodern der Kraft folgte, wie bei übermäßigem, zu hoch gespanntem Thun, eine plötzliche innere Schwäche. Für die schleichende Krankheit erstand endlich in dem Karolingischen Geschlechte ein fähiger Arzt. Und wie äußere Feinde auf's Zusammennehmen aller Mittel und Kräfte, so trieb äußere Förderung in höhere Bahnen. Christliches und Germanisches hatte sich in Britannien zu einer eigenthümlichen und hohen Cultur vermählt: angelsächsische Mönche bereiteten im inneren Deutschland dem römischen Christenthum, durch dieses der fränkischen Annexion den Weg. Wie dergestalt im Norden geistige, so gesellten im Süden politische Beweggründe den Karlen und Pippinen einen mächtigen Bundesgenossen. Die italienische Einheitstendenz, die sich in begabten Langobardenkönigen gefährliche Organe schuf, warf das Papstthum einer auswärtigen Allianz in die Arme. So war die Situation zur Zeit Pippin's. Was er vermochte, um sie zu nützen, davon hat er nichts versäumt. Und als erster König von Gottes Gnaden bestieg der würdigere Usurpator den Thron der absterbenden Merovinger.

In diesen Besitz trat Karl der Große ein. Die Geschichte kennt ihn als den Erben jenes Chlodowech und seiner Söhne, die zum ersten Male, Germanen, Germanen zu unterjochen begannen. Sie kennt ihn als den Erben und Fortsetzer des Bonifacius, als den, der mit der Gewalt der Waffen dem Christenthum eroberte, was des Apostels Wort noch unbezwungen ließ. Sie sieht ihn endlich als den Alliirten der Päpste, den Erben der Cäsaren, den neuen Herrscher der Welt. Das ist nicht vorbedacht, nicht angelegt: sondern dem glücklichen Sieger, der ein Ziel im Fluge erreicht, erschien immer wieder ein neues wünschenswerther und reizender. Die Strömungen lagen in der Zeit und waren gegeben. Kam ein Mensch von so außerordentlicher psychischer und physischer Organisation, wie Karl der Große; so mußte er mehr von ihnen ergriffen und seinem Ruhme entgegengerissen werden, als daß er in überrechnender Sorge bei sich gebrütet hätte, mit welchen Thaten er vor den erstaunten Augen der Welt um seinen Namen den Glanz der Größe breiten könnte.

Aus dieser Persönlichkeit mit diesem Inhalte entsprang die deutsche Literatur.

Wie die Dünste der Gewässer sich in die Lüfte heben und zu seltsamen Gestalten der Wolken ballen, so giebt es Individuen, in denen ihre ganze Zeit sich gleichsam condensirt, und deren Originalität aus den elementarsten Kräften ihrer Epoche zusammengeschossen ist. Und wie aus dem Gewölke ein neuer Segen auf die dankbare Erde quillt, so haben jene mit ihrem Thun Jahrhunderten Befruchtung, spätern Generationen belebenden Anstoß gebracht. So leuchtet auf unsere Welt in gewissem

Sinne Göthe herab. So auf das achte und neunte Säculum Karl der Große. Die Kaiseridee, das Resultat und oberste Ende seiner Politik, ist der Angelpunkt der deutschen Geschichte geworden und im Grunde geblieben. An seinen Namen knüpft sich denn auch die entscheidende Wendung des geistigen Lebens unserer Nation, mit welcher sie aus einem schriftlosen Volke ein Literaturvolk wurde, mit welcher sie losgewunden aus den engen Fesseln einer für sich seienden Bildung an die Kette der Weltcultur als ein neues Glied sich fügte, mit welcher sie den untergegangenen Civilisationen eine Stätte ewiger Fortdauer zu bereiten sich anschickte.

Poetische und prosaische Production für die Schrift, Fixirung und Ausbreitung des Gedankens durch den Buchstaben wird in dem Augenblicke nothwendig, wo es gilt eine große zusammenhangende Masse von Vorstellungen, ein System völlig neuer Ideen in ihrer Gesammtheit und auf einmal einem Volke zuzuführen. Zu der Zeit Karl's des Großen soll unzerstörbar das Christenthum eingepflanzt werden in die rohen Gemüther der germanischen Stämme im heutigen Deutschland.

Sehen wir, wie Karl diese Stämme fand, was er beabsichtigte, welche Organe ihm für seine Wirkung zu Gebote standen, was diese leisteten, auf welche Weise.

Es fehlte viel damals, daß das Christenthum, auch wo es dem Namen nach galt, überall fest begründet, daß vom Heidenthum die letzten Trümmer verschwunden wären. Wirft dieses doch in heutigen Aberglauben und Volksbrauch noch starke Schatten herein! Wie unendlich lebhafter wird damals sein Verständniß, wie sehr das Christenthum davon durchwachsen und gefärbt gewesen sein. Man muß die Briefe des h. Bonifacius lesen mit ihren unerschöpflichen Klagen vor dem Papst und den angelsächsischen Freunden, um eine Vorstellung zu gewinnen von dem summarischen Verfahren des Bekehrers, den äußerst geringen Anforderungen, durch welche er den Glauben der Neugewonnenen auf die erste Probe stellte. Freilich der christliche Gott ist der officiell anerkannte. Zu ihm beten der König, die Beamten, die Geistlichkeit. Das Volk findet sich mit ihm ab durch die Taufe, höchstens durch sonntägliche spärliche Kirchgänge. Es fühlt seine Herrschaft durch die mannigfaltigen Eheverbote am drückendsten. Auch durch den Zehnten, der seit der Mitte des Jahrhunderts eingeführt ist. Aber es betet zu seinen alten Göttern, es ruft ihre Hülfe an in jeder einzelnen Noth. Von den früheren Opfern sind Reste geblieben: an den Quellen, an den Bäumen, und ganz besonders die Todtenopfer. Wohl waren dies Alles verpönte Dinge. Aber die Bedrängniß, die Verfolgung macht erfinderisch. Den Namen der alten

Götter wurden christliche Märtyrer und Beichtiger untergeschoben, oder Namen der Engel. Noch heute erzählt das Volk vom heiligen Michael oder Martin oder Johannes, was ursprünglich vom Wodan oder Donar gemeint war. Die alten Lieder, durch Concilienbeschlüsse unermüdlich verfolgt, wurden immerfort gesungen. Noch im zehnten Jahrhundert liefen reinheidnische Zaubersprüche um.

Ich meine nicht, daß im ganzen damals christlichen Deutschland das Heidenthum noch in gleicher Kraft stand. Am meisten unterdrückt war es natürlich in der Umgebung der großen Klöster, in der unmittelbaren Nähe der Bischofsitze. Am wenigsten in ausgedehnten Waldgebieten und in den Bergen. Denn auch auf die Priester, die nicht unter scharfer Controle standen, war kein Verlaß. In Kleidern der Laien gingen sie einher, Weiber hielten sie ungescheut. In Waffen, mit Hunden und Falken streiften sie auf der Jagd durch Wald und Feld. Und wenn alljährlich einmal — so war es Gesetz — der Bischof seine Parochien bereiste, so fand er vielleicht seit Monaten die Heerde verwaist, den Hirten in einen anderen Sprengel entwichen. Prüfte er aber die gebliebenen, welche bodenlose Unwissenheit, welcher Mangel an den nothwendigsten Begriffen, an den unentbehrlichsten Kenntnissen! Es war viel, wenn einer die Taufformeln ordentlich wußte, den Glauben, und allenfalls die Meßgebete.

So stand es mit dem Volke. So stand es mit seinen unmittelbaren Leitern und Führern. Halten wir dagegen den Hof und den höheren Klerus, zu welchem Karl aus Italien und England alle gezogen hatte, durch welche die geretteten Reste der entschwundenen Culturblüthe eine glückliche Pflege fanden, oder welche um deren Wiedererweckung sich erfolgreich bemühten. Ich nenne Paulinus von Aquileja, Theodulf von Orleans, Paulus Diaconus, Petrus von Pisa und den hervorragendsten und einflußreichsten von allen: Alcuin. Da war denn ein gähnender Abstand zwischen den obersten und den unteren Schichten, welcher der Ausgleichung dringend bedurfte.

Von allen diesen lateinisch schreibenden Gelehrten und Dichtern wurde eine originale und selbständige Literatur nicht begründet. Hieronymus, Augustin, Isidor, Beda waren die Lehrmeister Alcuin's, und er ein sklavischer Schüler. Einhard schmückte mit antiken Säulen den Dom zu Aachen, aus Suetonischen Phrasen zimmerte er seine Charakteristik Karl's des Großen. Das Einzige, worin sich diese Zeit productiv erwies, war die Verfassung. Neue politische Gestaltungen erschaffen sich gleichsam selbst die Mittel ihrer Erhaltung und Befestigung. Die Nothwendigkeit, ein so großes Reich zu centralisiren, forderte eine Vervielfältigung der Person des Monarchen, für welche man in dem System der missi dominici oder

Königsboten die passende Form fand. Was dann noch fehlte, um das Einheitsbewußtsein in Allen lebendig zu erhalten und den wünschenswerthen Maaßregeln die pünktliche Ausführung zu sichern, das leisteten die Reichsversammlungen. Die Instructionen der Königsboten und die Beschlüsse der Reichsversammlungen sind die Marksteine für die innere Entwickelung Karl's des Großen. Darin sind die Absichten niedergelegt, welche Karl über die Befestigung und Sicherung des Christenthums hegte und die er in's Werk zu setzen gesonnen war.

In diesen Bestrebungen ist ein Wachsthum und Fortschritt zu beobachten, der sich in drei Perioden vollzieht. Ich rechne die erste vom Regierungsantritte bis zum Jahre 787; die zweite von 787 bis zur Kaiserkrönung, die dritte von der Kaiserkrönung und den daran sich schließenden Reichsversammlungen zu Aachen bis zu Karl's Tod 814. Eine jede hat literarische Spuren in deutscher Sprache zurückgelassen. Am wenigsten die erste.

Karl dachte nicht sogleich an eine radicale Reform der vorhandenen Zustände. Er begnügte sich in den Spuren seiner Vorgänger zu wandeln. Er erneuerte ein Gesetz, das sein Oheim Karlmann erlassen hatte zur Zeit und ohne Zweifel auf Betrieb des Bonifacius: ein Gesetz, das nur die ärgsten und scandalösesten Dinge abstellte; im Uebrigen seine Anforderungen an Klerus und Laien noch möglichst bescheiden hielt.

Mehr als für die Befestigung that Karl damals für die Ausbreitung des Christenthums. Hier winkte der Ruhm glorreicher Kämpfe. Ich werde nicht versuchen die Sachsenkriege zu schildern. An sie knüpft sich die Abfassung und Aufzeichnung eines literarischen Denkmals, wahrscheinlich des ältesten, das uns in deutscher Sprache erhalten worden. Ein wesentlicher Antheil an der Christianisirung der Sachsen fiel den Mönchen in Fulda zu. Sturm, ein Bayer, damals ihr Abt, erwarb sich den Beinamen eines Apostels der Sachsen. Er selbst zog aus und schickte manchen Glaubensboten in das heidnische Land. Die Taufe ist das äußere Zeichen der vollbrachten Bekehrung. Die Abschwörung des Teufels, der Teufelsopfer und Teufelswerke, ferner das Bekenntniß des Glaubens an Gott den Vater, den Sohn und den heiligen Geist sind in der Taufe die bindenden Formeln. Abschwörung und Bekenntniß spricht der Täufling dem fragenden Priester nach. Diese Fragen und Antworten hat man zu Fulda für die ausgesandten Geistlichen in sächsischer Sprache aufgeschrieben, sei es weil nicht alle des Dialektes hinlänglich mächtig waren, sei es um der großen Wichtigkeit willen, welche man einer geraden und ordnungsmäßigen Hersagung der Formeln beilegte.

Es war ein langes und blutiges Ringen in Sachsen. Das Volk

wehrte sich mit der letzten Verzweiflung, mit dem letzten Muth. Endlich erlag es. Der Sieger dictirte ein scheinbar grausames Gesetz. Acht Artikel zum Schutze des Christenthums endigen mit dem strengen Refrain „der soll des Todes sterben.“ Doch war begnadigt wer sich einem Priester entdeckte, beichtete und die Kirchenbuße leistete. Eine Instruction der Königsboten specialisirt auf das Sorgfältigste alle heidnischen Opfer und Gebräuche, deren völlige Unterdrückung erzielt werden sollte. Man begnügte sich nun in der Taufe nicht mehr mit der einfachen Abschwörung des Teufels. Sondern ein Zusatz zu den erwähnten deutschen Formeln bezeichnete die Mächte, denen entsagt werden sollte, ausdrücklich als die alten Götter Wodan, Donar und Sachsnot „und alle die Teufel die ihre Genossen sind.“

Ein bedeutender Umschwung in den kirchlichen und Culturbestrebungen Karl's des Großen trat mit seinem Römerzug von 787 ein. Er empfing aus den Händen des Papstes die Kanonensammlung des Dionysius Exiguus, damals vielleicht auch die römische Liturgie. Er nahm Grammatiker und Mathematiker, und Lehrer des Gregorianischen Gesanges mit über die Alpen. Offenbar waren umfassende Maaßregeln beabsichtigt. Wirklich erließ der König bald nach seiner Rückkehr ein Circularschreiben an alle Klöster, worin er sie auffordert, sich neben einem gottergebenen Leben auch der Wissenschaft zu befleißigen. Er rügt die ungebildete Sprache in den Zuschriften der Klöster, beklagt ihre Unfähigkeit gut Gedachtes auch gut auszudrücken. Er hebt die Wichtigkeit des grammatischen Studiums für die richtige Erklärung der heiligen Schrift hervor. Er ermahnt sie endlich zum Schulamte nur solche Männer zu wählen, die sowohl die Fähigkeit und den Willen zu lernen, als auch Freude und Lust zeigten Andere zu unterweisen. Vielleicht im Zusammenhange mit diesem Rundschreiben steht die Herstellung eines höchst primitiven Hülfsmittels zum Unterrichte im Lateinischen. In ein weitverbreitetes und vielgebrauchtes lateinisches Wörterbuch zur Bibel wurden die deutschen Bedeutungen eingetragen. Die Arbeit wimmelt von den ärgsten Verstößen, den gröbsten Mißverständnissen. Ihre äußere Einrichtung ist so sinnlos als möglich. Vergebens sucht man sich vorzustellen, wie Lehrer und Lernende davon nur den mindesten Nutzen ziehen mochten. Wir aber gewinnen daraus die willkommensten Aufschlüsse über den damaligen Wortschatz unserer Sprache. Den beabsichtigten Zweck hat der Verfasser gänzlich verfehlt, einem unbeabsichtigten wider Erwarten gedient.

Im Jahre 789 that Karl einen weiteren Schritt auf der betretenen Bahn. Ein ausführliches, wenn auch schlecht redigirtes, Edict wurde am

23. März erlassen. Die Publication wurde den Königsboten aufgetragen. Es enthielt eine umfassende kirchliche Gesetzgebung auf Grundlage des kanonischen Rechtes, wie dasselbe in dem oben erwähnten Codex canonum vorlag. Ich hebe nur die Bestimmungen hervor, welche auf die Entstehung literarischer Denkmäler unleugbaren Einfluß übten. Mehrere Capitel des Edicts machen Bischöfen und Priestern eifrige Predigt zur Pflicht. Als Gegenstände derselben führen sie auf unter andern das Vaterunser, das apostolische und das athanasianische Glaubensbekenntniß, ein Verzeichniß von Sünden, das dem Galaterbriefe des Apostels Paulus entnommen ist. Die ganze Verordnung rief eine Fluth von lateinischen Musterpredigten, von Blumenlesen aus den Kirchenvätern, von Vaterunser- und Glaubenserklärungen hervor, welche in diesem Zeitpunkte theils neu entstanden, theils, aus älteren Quellen geschöpft, die weiteste Verbreitung fanden.

Natürlich bediente die Lehre des Volkes sich der Sprache des Volkes. Deutsch hatte der Priester die lateinischen Vorlagen wiederzugeben. Es schien daher unumgänglich, eine verläßliche Grundlage dem Unterrichte zu schaffen. Man mußte versuchen, in gesicherter Uebertragung der wichtigsten kirchlichen Gegenstände und Formeln Herr zu werden. Am gründlichsten wurde die Aufgabe zu Weißenburg gelöst, einem Kloster im Elsaß. Ein ganzer Katechismus kam zu Stande, der alle im Edict aufgezählten Stücke umfaßte. Die Uebersetzung ist ziemlich fehlerfrei gerathen und verdient alles Lob, wenn man ähnliche Arbeiten der Zeit daneben hält.

Wie wenig verbreitet die Kunst im Allgemeinen noch war, christliche Formeln und Begriffe in unser Deutsch umzugießen, das zeigt der Erfolg des neuen Gesetzes in Freising. Dort war unter Bischof Aribo der erste Anfang gemacht worden zu einer literarischen Cultur in Bayern. Dort hat man um jene Zeit einzelnen Worten und Wortgruppen aus dem Buche des Isidorus über die Pflichten deutsche Erklärungen beigeschrieben. Dort übertrug man jetzt eine Auslegung des Vaterunsers in die Muttersprache. Allein man begnügte sich mit dieser einen, allerdings wohlgelungenen, Verdeutschung. Der Glaube wurde in einer leicht verständlichen lateinischen Fassung hinzugefügt.

Bei weitem schlimmer erging es dem königlichen Gebot in einem alemannischen Kloster, vielleicht St. Gallen. St. Gallen ist eine Hauptstätte der musikalischen Bildung im früheren Mittelalter. St. Gallen ist die Heimath einer ganz neuen und folgenreichen Art der lyrischen Kirchenpoesie. St. Gallen kann Werke der bildenden Kunst aufweisen von unverächtlichem Werth. St. Gallen hat der Logik und Theologie, es hat der deutschen Sprache eine höchst einsichtige Pflege gewidmet. St. Gallen hat eine Fülle originellen Lebens in seinen Mauern beherbergt, und auch Geschichtschreiber hervorgebracht, die es für die Nachwelt zu fixiren verstanden. Aber St. Gallen ist vor den Einwirkungen der Rabanischen Schule zu Fulda, vor dem Auftreten der Walafried Strabo, der Hartmuat und Werinbert, kurz vor der Mitte des neunten Jahrhunderts ein zerrüttetes Nest unwissender Mönche, in welchem fortwährende Kämpfe mit den Konstanzer Bischöfen keine rechte geistige Thätigkeit aufkommen lassen, in welchem Urkunden und literarische Versuche sich durch nichts als das roheste und abscheulichste Latein auszeichnen. Wenn man nun wagte deutsch zu schreiben, so muß auch dieses den Stempel eines solchen Bildungsstandes sichtbar an der Stirn tragen. In der That erinnern die hier verfertigten Uebersetzungen des Vaterunsers und des Glaubens, welche den lateinischen Texten von Wort zu Wort folgen, durch ihre groben Verstöße an die Ungeheuerlichkeiten des oben besprochenen Bibelglossars. Um nur eins zu erwähnen, im Glauben wird creatorem für creaturam genommen, also „an Gott das Geschöpf Himmels und der Erde" geglaubt. Man kann leicht ermessen, welche Klarheit der religiösen Begriffe in den harten Köpfen deutscher Hörer eine Predigt hervorbringen mußte, welche sich dieser Machwerke als Ausgangspunkt zu bedienen hatte.

Alle bisher betrachteten literarischen Arbeiten verdanken dem localen Bedürfniß des Augenblicks ihre Entstehung. Karl dem Großen einen unmittelbaren Einfluß darauf zuzuschreiben, sind wir nicht im mindesten berechtigt. Einhard aber, Karl's Biograph, berichtet in einer bekannten Stelle von diesem wie folgt: „Deutsche Gedichte von hohem Alter, in welchen der vormaligen Könige Thaten und Kriege besungen wurden, erhielt er dem Gedächtniß der Menschen, indem er sie aufschreiben ließ. Auch begann er eine Grammatik der Muttersprache. Ferner gab er den Monaten durchweg einheimische Benennungen, da sich die Franken bis dahin theils lateinischer, theils deutscher Wörter dafür bedienten. Ebenso belegte er die Winde mit zwölf eigenen Bezeichnungen, während man vorher kaum vier Windnamen auftreiben konnte." Aus dem ganzen Passus erfahren wir, abgesehen von der wichtigen Nachricht über die alten Gesänge, wenig Merkwürdiges. Die gelehrten Spielereien Karl's interessiren uns ebensowenig, als die dilettantischen Bestrebungen irgend eines anderen großen Herrn, der es zu einer lebendigen Betheiligung an der Nationalliteratur nicht gebracht hat. Es sind Beiträge zu seiner Charakteristik, nichts weiter: als solche immerhin schätzenswerth. Sollte aber Karl in Wahrheit dabei stehen geblieben sein? Oder wenn er es blieb, wenn er keine deutsche literarische Thätigkeit irgend welcher Art um sich her auch nur anregte (was wir ebenso wenig leugnen als behaupten können): sollten seine eigenen Bemühungen, so unbedeutend sie sind, ein vereinzeltes Phänomen, eine durch nichts vermittelte, durch nichts erklärbare Laune seiner Mußestunden sein? Müssen wir nicht vielmehr glauben und annehmen, daß er nur von einem sonst verbreiteten Drange und Streben für die Muttersprache in seiner Weise mitergriffen wurde? Und wenn auf der anderen Seite arme und unwissende Mönche dem zwar nützlichen und förderlichen, aber doch nicht nothwendigen, dabei höchst mühevollen Geschäfte der Verdeutschung sich unterzogen: werden wir dann nicht auf eine mittlere Region geführt, von welcher gleichmäßig nach oben und unten zu solch löblichem Beginnen Anregung und Reizung ausging? Und suchen wir nicht diese belebende Quelle am natürlichsten in des Königs nächster Umgebung, etwa unter seinen täglichen Gesellschaftern und bleibenden Hofgenossen — ich nenne nur vermuthungsweise Alcuin's Landsleute und Schüler, die Angelsachsen Wizo und Fridugis, welche die Hofschule leiteten —? Ich sage: wir haben Grund zu diesen Annahmen, und wir finden sie bestätigt durch eine Reihe von Uebersetzungen, welche schon vermöge ihrer weiten Verbreitung über fast alle und die entlegensten Theile des mächtigen Reiches, schon vermöge einer beinah unbedingten Herrschaft und Meisterschaft im Verstehen der einen, im Gebrauche der anderen Sprache — mit deutlichen Fingerzeigen auf die Kreise der höchsten und thätigsten Intelligenz als auf die Stätte ihres Ursprungs weisen.

Was Ulfilas seinen Gothen schenkte, was die oberste Pflicht eines bekehrungsfreudigen Schaffens zu allen Zeiten gewesen ist — die Uebertragung der Bibel —, das wurde hier für die Franken zwar nicht seinem ganzen Umfange nach geleistet, aber zu einem kleinen Theile mit beispielswürdiger Kraft und Liebe ausgeführt. Das Evangelium Matthäi, welchem merkwürdiger Weise an einer Stelle mehrere Verse des Lucas beigearbeitet sind, wurde auf eine treffliche Art, mit gar wenigen Fehlern in's Deutsche gebracht. Demselben Verfasser oder Anderen, die in seinem Sinne verfuhren, sind dann noch weitere, zum Theil vollkommenere Leistungen gelungen. Mit Sorgfalt und Bedacht haben sie ihre Aufgaben gewählt. Da ist aus dem Werke des Isidorus „gegen die Juden" das erste Buch „von der Geburt des Herrn," in welchem die jüdischen Einwendungen gegen die Grundlehren des Christenthums zurückgewiesen werden. Da ist ein Tractat von der Berufung aller Völker zum Christenthume, recht geeignet daran zu erinnern, daß auch die Deutschen der Ehre würdig geworden seien, welche einst für die Heiden der Apostel Paulus den judenchristlichen Anmaaßungen abgekämpft hat. Da ist eine Predigt Augustin's „von Petrus der auf dem Meere wandelt," worin unter anderem die Schwankenden im Glauben, d. h. die Neubekehrten und dem Heidenthum nur halb Entwachsenen als ein ebenfalls nothwendiges Glied der Kirche hingestellt werden. Da ist noch Anderes, dessen näheren Inhalt der spärliche Rest nicht verräth, der davon auf uns kam. Alle diese Werke wurden in deutschem Laut, in deutschem Worte bezwungen.

So war die deutsche Sprache in die Schule des Lateins genommen. An vielen Punkten ist noch jetzt sichtbar, wie tiefe und dauernde Spuren es in unserer Rede zurückließ. Für alle wesentlichen Begriffe des Christenthums mußten erst deutsche Worte gefunden werden. Es gab drei Wege. Analoge Vorstellungen gehen durch alle Religionen. Die Aeußerlichkeiten des Gottesdienstes sind oft nahezu dieselben. Darum konnten z. B. die einheimischen Ausdrücke für Opfer und Tempel ohne Schaden beibehalten werden. Die Bezeichnung des allgemeinen heidnischen Todtenreiches „Hölle" ließ sich auf den christlichen Strafort der Bösen übertragen. Dies ist die eine Weise auf die man verfuhr. Die zweite war einfache Herübernahme angelsächsischer christlicher Benennungen und Umsetzung derselben in die entsprechenden deutschen Laute. Dahin gehört beispielsweise die Wiedergabe des Namens Jesus durch „Heiland," des Begriffes der Incarnation durch infleiscnissa, etwa „Einfleischung." Die dritte bestand in der Zulassung von Fremdworten, wie diabolus „Teufel," angelus „Engel." Man wandte zuweilen in einem einzelnen Falle zwei, selbst alle drei Methoden an, um die neuen Begriffe einzuführen.

Nicht darum allein handelte es sich für die emsigen Männer, denen die Pflege ihres Idioms am Herzen lag. Gezwungen durch die unselbständige Art ihrer literarischen Production, sannen sie auf Mittel, den langen Perioden, dem vielgegliederten Satzbau ihrer Vorlagen beizukommen. Unsere alte Sprache bewegte sich in kurzen, einander parallel geordneten Sätzen und Wortreihen. Die Bestimmung des Bindewortes war fast nur, diese Beiordnung in helleres Licht zu setzen. Jetzt galt es, für die größere Abstufung der lateinischen Conjunctionen entsprechende deutsche zu finden. Es mußte den Bedeutungen der vorhandenen eine Färbung gegeben werden, die ihnen ursprünglich fremd war. Es mußten Adverbien zu Hülfe genommen werden, welche nur langsam und widerstrebend auf das Niveau von Conjunctionen herabsanken. Es mußten Wiederholungen einzelner und mehrerer Worte angewandt werden, um in viel unterbrochener Fügung Zusammengehöriges zu binden.

Durch derartige Bemühungen zuerst wurden der deutschen Rede viele Eigenschaften errungen, welche wir heute als ihren unbestrittenen Besitz von jeher zu betrachten gewohnt sind. Durch derartige Bemühungen hat die fränkische Geistlichkeit, insbesondere die Umgebung Karl's des Großen, auch der deutschen Literatur und Sprache die Zeichen ihres Daseins eingegraben. Eine lange Geschichte hat nur ihre Gründungen erweitert und ausgebaut. Aber wenn bei lebhafter Seefahrt nach einem entlegenen Land zufällige Ankerplätze zu volkreichen Städten emporblühen, so haben die ersten Schiffer daran nicht gedacht. Ihr Sinnen stand auf ein ferneres Ziel. Das Goldland, welchem Karl's Hoftheologen zusteuerten, mag lange von Nebel umhüllt gewesen sein. Der zertheilte sich mählich. Es wurde sichtbarer, völlig klar endlich. Das Ereigniß vollzog sich, welches für das fränkische Reich, für Deutschland und Italien, für Europa und die ganze civilisirte Welt zu so ungeheurer Bedeutung, theilweise zu so schwerem Verhängniß gediehen ist. Ich meine die Erneuerung des weströmischen Kaiserthums.

Die ersten bezüglichen Andeutungen fallen in einer theologischen Staatsschrift gegen das byzantinische Reich. Alcuin scheint in Briefen dem Könige den Gedanken nahezulegen. Sein und Karl's Lieblingsautor, der heilige Augustinus, konnte ihn nähren. Bereits übte der fränkische König die thatsächliche Oberherrschaft über Rom aus. Unverholen äußerte Karl den Wunsch in Schenkungsurkunden an Kirchen und Klöster, dereinst auf den Gipfel der kaiserlichen Macht erhoben zu werden. Dazu schien endlich der geeignete Moment gekommen. Der Papst Leo III. war durch eine feindliche Partei in Rom mißhandelt und vertrieben worden. Fränkische Hofpoeten mußten den Vorfall besingen. Fränkische Vasallen nahmen den Vertriebenen auf. Fränkische Gesandte setzten ihn wieder ein. Aber Leo wurde von seinen Gegnern schwerer Verbrechen beschuldigt. Karl war der oberste Richter. Er ließ den Papst zu sich kommen nach Paderborn. Er hatte dessen ganze Existenz in seiner Hand. Er konnte fordern. Er forderte die Kaiserwürde. Das war im Jahr 799. In dem Jahre darauf wurden die Vorbereitungen getroffen, um die Sache in's Werk zu setzen. Noch einmal besprach sich Karl mit seinen bevorzugtesten Räthen: mit Angilbert in St. Riquier, mit Theodulf in Orleans, mit Alcuin in Tours. Im August hielt er eine große Reichsversammlung zu Mainz ab „und sah daß Friede war in seinem ganzen Reich," wie ein Zeitgenosse schreibt. Nun zog er nach Rom; berief einen zahlreichen Convent von Erzbischöfen, Bischöfen und Aebten, von den anwesenden Franken und dem römischen Volk; ließ den Papst schuldlos erklären; ließ sich von dem Papst und der ganzen Versammlung die Kaiserwürde antragen; und „wollte ihre Bitte nicht abschlagen: sondern in aller Demuth, unterwürfig Gott und nachgebend dem Flehen der Geistlichkeit und der übrigen Christenheit, empfing er am Tage der Geburt des Herrn (Weihnachten 800) den Namen des Imperators und die Einsegnung des Papstes Leo." *)

*) So drücken sich die Jahrbücher von Lorsch aus. Das Motiv der Demuth wurde

Karl erhielt durch die neue Würde keinen Zuwachs an reeller Macht. Aber auf dem Titel lag ein Zauber. Dieser Name wurde eine Idee. Die Idee wurde eine Gewalt, welche den Kaiser zu frischen Thaten zwang. Rascher Jugendmuth, Ehrgeiz und etwas Glaubenseifer vielleicht hatten ihn in die Sachsenkriege getrieben, hatten ihn zum Kampf gegen die Langobarden bereit gemacht, hatten ihn über die Pyrenäen geführt und in die Steppen der Theiß. Jetzt waren gute Gesetze der einzige Ruhm, nach dem er geizte. Sein Land war ausgesogen. Es bedurfte des Friedens. Er selbst war alt. Er bedurfte der Sammlung für's Ende. Zeitlebens hatte er nur hier gemäht, dort gerodet. Jetzt wollte er ein neues Pflügen, neues Säen: er wollte neue Frucht, neue Ernten schauen. Er wollte es mit der Hast und dem Ungestüme eines Mannes, der mit einem Fuße im Grabe steht und doch mit ungebrochenen Kräften in's Leben ragt, der, was die Natur ihm an Jahren vorenthält, durch die Masse seines Schaffens, durch den Werth seiner Leistungen ersetzen will. Wir können bei weitem nicht die ganze Thätigkeit seiner letzten Zeit betrachten. Schon haben wir uns von dem eigentlichen Gegenstande vielleicht zu weit entfernt.

Karl's Ideal war kein politisches mehr. Nicht der Staat, den Gaius Cäsar einst begründete, sollte wiederhergestellt, nicht der Staat Justinian's sollte nachgebildet werden. Ein christliches Haupt und christliche Glieder; die Zucht des göttlichen Gesetzes über den ungebändigten Seelen: das war sein Streben. Unmittelbar nach seiner Rückkehr aus Italien, im November 801, berief er die hervorragendsten geistlichen Würdenträger des Reiches, um mit ihnen zu rathen über eine noch tiefer greifende Umgestaltung des religiösen Lebens des Klerus wie der Laienwelt, als die erste von 789 gewesen war. An die Bildung jener sollten noch höhere Forderungen gestellt, dem Glaubenseifer dieser eine harte Leistung auferlegt werden. Nichts Geringeres verlangten Einige, als daß Jedermann die Formeln des Vaterunsers und Glaubens lateinisch auswendig lernen und herzusagen im Stande sein solle. Ein entgegengesetzter Vorschlag, sich wenigstens mit dem Glauben allein zu begnügen, wurde verworfen. Ein von Anhängern desselben vorgelegter Entwurf einer in ihrem Sinne ge-

von der Hoftradition später mehr ausgebeutet. Karl sollte durch den Antrag überrascht gewesen sein. Leo sollte dem Ahnungslosen, der vor dem Altare im Gebete kniete, plötzlich die Krone aufgesetzt haben. Karl sollte sogar versichert haben, er würde trotz des hohen Festes aus der Kirche weggeblieben sein, wenn er den Plan des Papstes vorausgewußt hätte. — Noch immer meinen neuere Historiker genug zu thun, wenn sie das Märchen nicht ganz glauben. Der Papst und der erstaunte Kaiser am Altar in Weihrauchdunst, das Volk jubelnd umher, die Peterskirche die von seinem Zuruf dröhnt: es ist ein zu effectvolles Bild, als daß ein geschmackvoller Geschichtschreiber es sich entgehen lassen dürfte.

faßten Ermahnung an das Volk wurde zwar benutzt, aber durch geeignete Zusätze der anderen Meinung angepaßt, und in solcher Gestalt den zur Ausführung des Beschlusses Beauftragten mitgegeben. Von dieser Exhortation hat man in Freising eine deutsche Uebersetzung angefertigt. Zugleich wurde der früher daselbst verfaßten Erklärung des Vaterunsers neue Brauchbarkeit verliehen, indem man die einzelnen Bitten in lateinischem Texte an ihrem Orte einschaltete. Die Einübung geschah nämlich so, daß der Priester erst einen ganzen Satz, dann die einzelnen Worte desselben in der Ursprache vorsagte und mit deutschen Erklärungen begleitete.

Ob dies fruchtete? Ob damals gelang, was selbst heute auf unüberwindliche Schwierigkeiten stoßen müßte? Wir haben Grund zu behaupten: nein. Unermüdlich wird die Verordnung eingeschärft. Von dem Kaiser selbst fast in jeder Reichsversammlung, von den Bischöfen in ihren Sprengeln. Diese Frage, so unerhört es klingt, steht eine Zeit lang im Mittelpunkte der kaiserlichen Bestrebungen. Vergebens. Die Widerspenstigen werden zur Pathenschaft nicht zugelassen. Männer und Weiber werden mit Schlägen und Fasten bedroht. Umsonst. Endlich macht eine Synode den Vorschlag: wer anders nicht könne, möge die Formeln in seiner Muttersprache lernen. Man sieht aber nicht, daß der Kaiser den Vorschlag bestätigt hätte. Ebensowenig, daß er die frühere strenge Forderung erneuert hätte. Er scheint sich von ihrer Undurchführbarkeit schließlich überzeugt zu haben.

Es liegt in der Natur der Sache, daß Maaßregeln, welche die Erlernung der kirchlichen Formeln in der Ursprache zum Zweck hatten, auf die Hervorbringung deutscher literarischer Denkmäler von geringerem Einfluß sein mußten, als dreizehn Jahre vorher die Verordnung über das Predigtwesen. Doch ist vielleicht der weitere Verlauf der Karlischen Reformbestrebungen nach der Kaiserkrönung auf anderen Gebieten nicht ganz ohne literarische Frucht geblieben.

Unmittelbar an die eben besprochene Novemberversammlung des Jahres 801 schloß sich eine allgemeine Untersuchung „Examination" des Bildungszustandes der Kleriker und Laien durch das ganze Reich. Dabei verlangte man von den letzteren, daß sie das Recht und Gesetz, nach welchem sie lebten, wüßten und verstünden. Es folgte im März 802 eine große Reichsversammlung, auf welcher mit Benutzung des alten Edicts von 789 ein System der kirchlichen Gesetzgebung festgestellt und unter anderem beschlossen wurde, daß Aebte und Mönche ihre Klosterregel verstehen und wohl im Gedächtniß behalten sollten. Auf diese Veranlassung wurde zu St. Gallen von mehreren Mönchen nach der Reihe *) einem Exemplar der

*) Es waren neun, nach Lachmann's Vorlesungen.

Regel des h. Benedict eine zwischenzeilige Verdeutschung übergeschrieben, die an richtigem Verständniß des Grundtextes noch immer sehr vieles zu wünschen übrig läßt.

Im October 802 fand hierauf abermals eine allgemeine Reichsversammlung statt. Ihre Theilnehmer sonderten sich in drei Gruppen. Die Bischöfe und Priester nahmen eine Lesung und Erklärung der Canones der Concilien und der Decrete der Päpste vor, wovon sie die ersteren als künftig geltendes Recht förmlich recipirten. Die Aebte und Mönche beschäftigten sich mit der Benedictinerregel. Der Kaiser selbst endlich mit den Herzögen, Grafen und den übrigen weltlichen Anwesenden ließ alle Gesetze seines Reiches lesen und jedem Manne das seinige erklären, nöthige Zusätze beschließen, und die verbesserten Rechte aufzeichnen. Es könnte sein, doch läßt es sich mit Sicherheit nicht behaupten, daß entweder zum Behufe dieser Gesetz-Erklärung oder schon im Winter 801 auf 802 zur Erleichterung der erwähnten Untersuchung und Laien-Examination Uebertragungen einzelner oder mehrerer Volksrechte angefertigt worden wären. Dann würde ein uns erhaltenes Bruchstück von einer Verdeutschung des salischen Gesetzes wohl diesem Anlasse seine Entstehung verdanken.

Auf einer weiteren, zu Mainz im Jahre 803 abgehaltenen Reichsversammlung sind vielleicht die Beschlüsse zu Stande gekommen, welche eine durchaus unglaubwürdige Ueberlieferung als Statuten des h. Bonifacius bezeichnet. Darin werden mit Verlust ihrer Parochie die Priester bedroht, welche den Täuflingen die Formeln der Teufelsentsagung und des bei der Taufe vorgeschriebenen kurzen Glaubensbekenntnisses nicht in ihrer Muttersprache abfragen wollten. Vielleicht, doch sei auch das mit allem Vorbehalte geäußert, hängt mit diesem Beschlusse die Abfassung eines jedenfalls im Mainzer Sprengel entstandenen und officiell geltenden deutschen Taufgelöbnisses zusammen.

Dies ist der Gesammtbestand der deutschen Prosaliteratur aus der Zeit Karl's des Großen. Ein einziges Rechtsdenkmal. Die übrigen religiösen Inhalts. Alle gleicherweise Uebersetzungen, höchstens unfreie Bearbeitungen, lateinischer Originale.

Es ist wiederholt hervorgehoben worden, daß nirgends und niemals wieder die Hierarchie in solchem Grade das Fundament des Staates war, wie in dem Reiche Karl's des Großen. Nicht blos in diesem Sinne, sondern in Bezug auf den ganzen geistigen Inhalt der Zeit ist der Ausspruch Hegel's richtig, das Frankenreich sei das erste sich Zusammennehmen des Christenthums zu einer staatlichen Bildung, die rein aus ihm hervorging. Was aber wahrhaft in Sinn und Geist einer Epoche lebendig ist, das wird seine Kraft und seine Wirkung nicht allein durch literarische Hervorbringungen von unselbständiger Art, sondern vor allem auf dem Gebiete der Poesie durch wo nicht der Materie, so doch der Form nach originale Schöpfungen äußern müssen.

Poetische Denkmäler aus den Jahren Karl's des Großen sind nicht so viele auf uns gekommen als prosaische.

Es giebt eine Verordnung vom Jahre 794, welche die deutsche Sprache gegen das Vorurtheil, sie sei zum Gebete weniger geeignet als die lateinische, griechische und hebräische, in Schutz nimmt. Daraus ist uns auf das Vorhandensein deutscher Gebete oder deren Entstehung in Folge dieses Gesetzartikels ein wahrscheinlicher Schluß gestattet. Wirklich kennen wir zwei deutsche Gebete aus jener Zeit. Das ältere, soweit es aus unsicherer Ueberlieferung sich herstellen ließ, lautet:

Truhtin god, thu mir hilp   indi thu forgip mir
in thinem ginadom   rehtan giloubon
indi guodan willeon,   wisdom indi spahida,
heili indi gisundi   indi thina guodun huldi.

das heißt:

Herre Gott, du hilf mir   und du verleih mir
in deinen Gnaden   den rechten Glauben
und guten Willen,   Weisheit und Klugheit,
Heil und Gesundheit   und deine freundliche Huld.

Es sind einfältige Worte, in denen die nächstliegenden Bitten karg und ärmlich ausgesprochen werden.

Von größerem Interesse, aber noch geringerem Werth als dichterisches Product, ist das nach dem bayerischen Kloster Wessobrunn, seinem Fundorte, sogenannte Wessobrunner Gebet. Der Verfasser desselben wollte Verse machen und hatte keine Ahnung von der Metrik. Das meiste und beste seines Machwerks entnahm er aus anderen Gedichten. Aus dem zuerst erwähnten Gebet z. B. zwei Verse. Aus einem epischen christlichen Gedichte die Einleitung. Um dieses willen müssen wir noch bei ihm verweilen.

Die Geistlichkeit liebte es, christliche Feste auf die Zeit der alten heidnischen zu verlegen. Sie suchte beide mit einander zu verschmelzen, und so die heidnischen durch die christlichen zu verdrängen. Aehnlich machte es ein christlicher Poet am Ende des achten Jahrhunderts, um für eine Bearbeitung der Welt- und Menschenschöpfung nach christlichen Anschauungen, die er unternahm, leichteren Eingang zu finden. Er dichtete sein Werk im Anschlusse an die hier folgende Strophe eines heidnischen Gesanges in ursprünglich sächsischer Sprache.

Dat gafregin ih mit firahim   firiwizzo meista,
dat ero ni was noh ufhimil:
ni swigli sterro nohhein   noh sunna ni liuhta,
noh mano noh der mareo seu.

In unserer Sprache:

Das vernehm ich unter den Menschen   als der Wunder größtes,
daß Erde nicht war noch der Himmel darüber:
daß kein glänzender Stern   noch die Sonne leuchtete,
noch der Mond noch das herrliche Meer.

Damit stimmt ziemlich genau ein isländisches ebenfalls heidnisches Gedicht überein, in welchem es heißt:

Einst war das Alter,   da Ymir lebte:
da war nicht Sand, nicht See,   nicht salzge Wellen.
Nicht Erde fand sich   noch Ueberhimmel:
gähnender Abgrund   und Gras nirgend.
Sonne wußte nicht   wo sie Sitz hätte,
Mond wußte nicht   was er Macht hätte,
Die Sterne wußten nicht   wo sie Stätte hätten.

Man sieht, es ist eine und dieselbe Ansicht von einem uranfänglichen Nichts. Ihr steht die christliche Vorstellung durchaus entgegen, welche der Fortsetzer, wie zur Widerlegung auf jene Strophe folgen läßt. Er singt:

Do dar niwiht ni was   enteo ni wenteo,
enti do was der eino   almahtico cot,
manno miltisto,   enti manake mit inan
cootlihhe geista.   enti cot heilac . . .
Als da nichts war   aller Orten und Enden,
da war der alleinige   allmächtige Gott,
der mildeste der Männer,   und viele mit ihm
ruhmreiche Geister.   Und der heilige Gott . . .

So weit hat uns der Verfasser des Wessobrunner Gebetes dieses merkwürdige Gedicht gönnen wollen, dessen Gegenstand erst Jahrhunderte später wieder eine Behandlung in deutschen Versen fand.

Ein vollständigeres und begründeteres Urtheil über die Poesie jener Zeit gewinnen wir aus einem Gedicht von der Zukunft nach dem Tode, dessen Gang etwa folgender ist: „Daran denke jeder der Menschen, daß auch für ihn der Tag erscheint, an dem er sterben muß. Gleich wenn die Seele auf ihren Weg sich begiebt und den Körper liegen läßt, so kommt ein Heer aus dem Himmelsäther, das andere aus der Hölle, und sie kämpfen um sie. Sorgen mag die Seele bis es entschieden wird, von welchem der Heere sie gewonnen ist. Wenn des Satans Genossen sie erringen, so führen sie sie dahin wo ihr weh geschieht, in Feuer und in Finsterniß: welches ist ein grausig Ding. Wenn sie aber die erstreiten, die da von dem Himmel kommen, und sie den Engeln eigen wird; so tragen die hinauf sie in des Himmels Reich, woselbst ist Leben ohne Tod, Licht ohne Finstre, eine Wohnung ohne Sorge: Niemand ist dort siech. Wenn in dem Paradiese der Mensch ein Haus gewinnt, eine Wohnung in dem Himmel: so ist ihm geholfen. Darum thut es jedem Menschen Noth, daß ihn sein Herz antreibe, daß er mit Freude Gottes Willen thue und sorglich vermeide das Feuer der Hölle, des Peches Pein. Dort erwarten ihn Satans heiße Flammen. Drum zittre wer sich schuldig weiß. Wehe dem der in der Finstre muß seine Missethaten büßen, brennen in der Hölle. Das ist so furchtbar, wenn er dann ruft zu Gott, und ihm keine Hülfe kommt. Auf Gnade hofft die jammernswerthe Seele, doch der himmlische Gott hat ihrer vergessen, weil sie hier auf Erden darnach nicht handelte.

„Wenn der mächtige König das große Gericht beruft, o muß dahin kommen jegliches Geschlecht; keines der Menschenkinder wagt es fern zu bleiben: jeder Mann muß dort vor dem Herrn Rede stehn über alles was er auf der Welt vollbracht. Darum ist es gut dem Manne, wenn er selbst zu Gerichte sitzt, daß er über jede Sache nach dem Recht urtheile: dann braucht er nicht zu zagen, wenn er vor den Herrn tritt. Der aber weiß nicht welches Urtheil ihm wird, der durch Bestechung störet das Recht. Der Teufel steht dabei verborgen und setzt auf seine Rechnung alles was er übles auf Erden jemals that, damit er alles sage, wenn's zum Weltgerichte geht: kein Mann fürwahr sollte der Bestechung offen sein. *)

„Wenn das himmlische Horn geblasen wird und sich der Weltenrichter aufmacht, dann erhebt sich mit ihm ein mächtiges Heer, das ist all so kühn, daß kein Mensch ihm widersteht. Er fährt zur Mahlstätte, die da abgegrenzt ist, und die Engel eilen hin fern über die Marken, er-

*) Diese dringende Einschärfung der richterlichen Unbestechlichkeit fällt auf. Dasselbe Thema, sogar auf ähnliche Weise, behandelt Theodulf in seiner „Mahnrede an die Richter." Alcuin schreibt an seinen Freund Arno, Bischof von Salzburg, nach Rom: „Wenn aber deine liebevolle Sorge für vieler Menschen Wohl mich antrieb, meinen süßesten David (Karl den Großen) zur Aussendung seiner Boten zu bewegen, damit sie Gerechtigkeit übten: so sei versichert, daß ich dies wiederholt gethan habe und auch seine Räthe dafür zu gewinnen suche." Die beiden Freunde setzten ihren Wunsch durch. Im Jahre 802 wurden in der That zur Handhabung von Recht und Gericht die vornehmsten Männer des Reiches ausgesandt, „welche nicht nöthig hatten, zum Nachtheil der Unschuldigen Geschenke anzunehmen." Und in dem Gesetz, welches diese Sendung begleitete, sagt Karl wiederholt: „daß keiner sich herausnehme, durch Lohn oder Geschenke oder Schmeichelei oder die Unterstützung mächtiger Blutsfreunde die Gerechtigkeit zu stören." — Das hier besprochene Gedicht ist im bayerischen Dialekt geschrieben und ohne Zweifel zu Ende des achten oder im Anfang des neunten Jahrhunderts abgefaßt. Man könnte auf die Vermuthung kommen, daß Bischof Arno seiner Entstehung nicht ganz fremd war.

wecken die Völker, führen sie zum Herrn. Da soll Jedermann aus dem Staub erstehn, aus Grabes Banden. Zurück soll ihm das Leben kehren, damit er sich rechtfertige und er nach seinen Thaten abgeurtheilt werde. Wenn der dann seinen Sitz einnimmt, der richtet über Lebende und Todte, dann steht um ihn her die Menge der Engel und guter Menschen ein großer Chor; dann kommen sie alle die aus ihrer Ruh erstehn: und die Hand wird sprechen, das Haupt es sagen, jedes Glied es verkündigen bis herab zum kleinen Finger, wenn er unter den Menschen Mord verübte. Keiner ist so künstereich, daß er dort löge, daß er eine That verhehlte und sie dem Könige nicht verkündigt würde. Nur wer seine Missethaten vorher hat gebüßt mit Fasten und mit Almosen, der braucht nichts zu fürchten, wenn er zum Gerichte kommt. Dann wird hervorgetragen das heilige Kreuz, woran Christus erhenkt ward, und er zeigt die Wundmale die er auf Erden empfangen aus Liebe zu den Menschen." . . .

Der Rest des Gedichtes ist verloren. Aber ich habe noch nicht alles Erhaltene mitgetheilt. Das Lied hat eine Erweiterung erfahren, die gleich merkwürdig ist.

Die großen epischen Stoffe, aus welchen unter günstigen Umständen Nationalepen werden, sind der Schrein, in welchen jedes Volk sein Bestes und Liebstes hineinträgt und verschließt Jahrhunderte hindurch. Die letzten Wellen der Völkerwanderung spülten die Nibelungensage aus. Als hierauf Theodorich's Name groß war unter den Germanen, wurde auch ihm eine Rolle zugetheilt bei dem großen Morde an Attila's Hofe. Einen alten mythischen Helden, Rüdiger von Pöchlarn, setzt Oesterreich in dieser Sage ab. Zwei historische Markgrafen des zehnten Jahrhunderts, Gero und Eckehart, werden durch sächsische Dichter hineingebracht. Und andere anderswo. Derselbe Vorgang wiederholt sich an kleineren epischen Gedichten. Da giebt es z. B. ein Lied von den Wundern Christi. Zufällig wird in der ersten Strophe des Paradieses erwähnt und in der zweiten Strophe von der Schöpfung der Menschen gehandelt. Das ist einem anderen Dichter genug, um allerlei über die Schöpfung Adams, über die Schöpfung im Allgemeinen und über die nähere Beschaffenheit des Paradieses einzuschalten. Der war freilich nur ein geschmackloser Verseschmied. Aber auch gute Dichter verschmähen es in der alten Zeit zuweilen, ihren Producten die Abrundung selbständiger Werke zu geben, und setzen sie lieber an bereits Vorhandenes an.

Die christliche Mythologie hat eine Vorstellung ausgebildet vom Antichrist und seinem Kampfe mit Elias am jüngsten Tage. Auf diesen Stoff fällt ein gewandter Poet. Aber er kennt auch die so eben vorgeführte Schilderung des Lebens nach dem Tode und des Weltgerichtes. Er findet daß gerade sein Thema eine angenehme Vervollständigung dieser Schilderung wäre. Er bedenkt sich also nicht, sie an einer ziemlich unpassenden Stelle zu unterbrechen, und ihr folgendes einzufügen:

„Das hört' ich sagen die vor der Welt das Rechte lehren, daß der Antichrist soll mit Elias kämpfen. Der Bösewicht ist gewaffnet, der Krieg bricht unter ihnen los. Die Kämpfer sind so kraftvoll, so schwer ist dieser Handel. Elias streitet für das ewige Leben. Er will der Guten und Gerechten Reich verstärken. Darum wird ihm helfen der des Himmels waltet. Der Antichrist steht auf des Erbfeinds Seite, steht bei dem Satan, der ihn wird zu Falle bringen. Er wird auf der Kampfstätte verwundet niedersinken, und bei diesem Gange sieglos werden. Doch glauben viele weise Gottesmänner, daß der Heilige in dem Kampfe soll verletzt werden. Und wenn des Elias Blut träuft auf die Erde, so entzünden sich die Berge, kein Baum steht auf dem Boden fest, die Gewässer all' vertrocknen, das Meer verschluckt sich selbst, der Himmel wird verzehrt in Flammen, herab fällt der Mond, die Erdscheibe brennt, stehen bleibt kein Fels. Wenn der Straftag fährt in's Land und mit diesem Feuer sucht die Menschen heim: da kann kein Blutsfreund helfen vor dem Weltbrand. Wenn der unermeßliche Glutregen Alles verbrennt, und Feuer und Luft es alles durchfegt: wo ist dann die Mark, um die der Mensch mit seinen Sippen stritt? Die Mark ist verbrannt, die Seele steht verzweifelt, mit nichts kann sie mehr Buße thun: stracks fährt sie zu der Hölle."

Man kann nicht sagen, daß dieser Dichter große Mittel aufwende, um eine — nach meinem Gefühl wenigstens — nicht geringe Wirkung hervorzubringen. Er nennt einfach seinen Gegenstand, weist auf dessen große Bedeutung hin, stellt die Kämpfer einander gegenüber, vergleicht die Sachen die sie verfechten, bezeichnet kurz den Ausgang des Kampfes, schildert dann die Folge desselben, den Weltbrand, indem er das Ereigniß durch die einzelnen Vorgänge und durch die einzelnen Objecte verfolgt, an denen es sich vollzieht. Er schließt endlich, indem er auf eindringliche Weise eine Sittenlehre daraus ableitet. Ueberall ist er sehr kurz, sehr sparsam mit Worten, stets nur die Sache bezeichnend, verzichtend auf jeden Schmuck. Dafür ist auch die Größe des Gegenstandes völlig rein aufgefaßt, und wirkt allein durch sich selbst, wie eine Choralmelodie ohne Harmonisirung und Begleitung. Die wiederholte Berufung auf die Autorität gelehrter Theologen als die Quelle, aus welcher der Dichter schöpft, befremdet und klingt uns prosaisch. Sie ist aber bei den alten Poeten hergebrachte Manier, und deshalb diesem zu verzeihen.

Vergleicht man den Zusatz mit dem ursprünglichen Gedichte, zu dem er gemacht worden, so hat er Einiges voraus. Beide Verfasser behandeln ihren Stoff nach Art der Predigten, in denen Erzählung und Schilderung mit Ermahnung und Betrachtung wechselte. Dem ersten Dichter muß man den Vorwurf machen, daß seine Schilderungen trotz des größeren Aufwandes an Worten nicht immer anschaulich werden. Insbesondere hat er das Bild der Hölle nicht vollständig und sinnlich genug ausgemalt, obgleich ihm dafür, ebenso wie für die Beschreibung des Himmels, eine Menge beinahe feststehender Anschauungen überliefert waren. Die lehrhaften Theile sind ihm in noch höherem Grade mißlungen. Da verfällt er zuweilen in den trockensten Ton, oder wird unklar und schwer verständlich, oder verwickelt sich in endlose Wiederholungen derselben Ausdrücke und Redensarten, daß man meint, er komme nicht los davon. Ich habe Einiges dieser Gattung oben gemildert, um das Verdienst auch seiner Arbeit besser hervortreten zu lassen. Ohnehin ist es niemals möglich, die edle Kraft der Sprache in heutigem Deutsch wiederzugeben. Die Pracht des vollen Klanges, bei aller Rauhheit diese Lieblichkeit, genießt nur wer die Originale kennt. Uebersetzungen aus dem Altdeutschen, auch die besten, machen stets den Eindruck, als ob man Richard Wagner'sche oder Berlioz'sche Musik mit Sebastian Bach's oder Händel's Orchester zu spielen versuchte.

Wir stehen am Schlusse unserer Betrachtung. Von den Erzeugnissen eines augenblicklichen und zufälligen Bedürfnisses bis zu solchen Schöpfungen, welche der Genius der echten Poesie im Fluge wenigstens gestreift hat, sind die sämmtlichen Denkmäler unserer ältesten Literatur an uns vorübergezogen. Ihrer aller Lebenselement ist das Christenthum. Ihrer aller Anreger — mittelbar oder unmittelbar, gleichviel — ist Karl der Große. Dieser Mensch von grenzenloser Sinnlichkeit, von unersättlicher Eroberungslust, von einem Fanatismus der zur Grausamkeit ihn fortriß: wie sollen wir seine Gestalt festhalten, wenn wir an den Mann denken, durch welchen so reicher Segen, so eine Fülle des Heils sich senkte in die Herzen unserer Vorfahren?

Karl sitzt freundlich in milden Gedanken. Drei seiner Töchter nahen sich eine nach der anderen, und drücken einen zärtlichen Kuß auf die weiße Stirn. Sie kommen wieder Hand in Hand, und bekränzen mit Blumen dies theuere Haupt. Bertha bringt Rosen, Rotrud bringt Veilchen, Gisela Lilien.

Es war ein Zeitgenosse, der dieses anmuthige Bild entwarf.

Kolibri 360 GmbH
Ferdinand-Jühlke-Straße 7
99095 Erfurt, Deutschland
produktsicherheit@kolibri360.de